U0177525

樱井进数学大师课

图形运用有奇招

[日]樱井进◎著　智慧鸟◎绘　李静◎译

电子工业出版社·

Publishing House of Electronics Industry

北京·BEIJING

版权贸易合同登记号　图字：01-2022-1937

图书在版编目（CIP）数据

樱井进数学大师课. 图形运用有奇招 / (日) 樱井进著；智慧鸟绘；李静译. —— 北京：电子工业出版社, 2022.5
ISBN 978-7-121-43347-4

Ⅰ. ①樱… Ⅱ. ①樱… ②智… ③李… Ⅲ. ①数学 – 少儿读物 Ⅳ. ①O1-49

中国版本图书馆CIP数据核字(2022)第069757号

责任编辑：季　萌　文字编辑：肖　雪
印　　刷：天津善印科技有限公司
装　　订：天津善印科技有限公司
出版发行：电子工业出版社
　　　　　北京市海淀区万寿路173信箱　邮编：100036
开　　本：889×1194　1/16　印张：30　字数：753.6千字
版　　次：2022年5月第1版
印　　次：2022年5月第1次印刷
定　　价：198.00元（全6册）

凡所购买电子工业出版社图书有缺损问题，请向购买书店调换。若书店售缺，请与本社发行部联系，联系及邮购电话：（010）88254888，88258888。

质量投诉请发邮件至zlts@phei.com.cn，盗版侵权举报请发邮件至dbqq@phei.com.cn。

本书咨询联系方式：（010）88254161转1860，jimeng@phei.com.cn。

数学好玩吗？是的，数学非常好玩，一旦你认真地和它打交道，你会发现它是一个特别有趣的朋友。

数学神奇吗？是的，数学相当神奇，可以说，它是一个大魔术师。随时都会让你发出惊讶的叫声。

什么？你不信？那是因为你还没有好好地接触过真正奇妙的数学。从五花八门的数字到测量、比较，从奇奇怪怪的图形到数学的运算和应用，这里面藏着数不清的故事、秘密、传说和绝招。看了它们，你会有豁然开朗的感觉，更会有想要跳进数学的知识海洋中一试身手的冲动。这就是数学的魅力，也是数学的奇妙之处。

快翻开这本书，一起来感受一下不一样的数学吧！

目录

变化无穷的图形

我们能看到的所有东西都是由图形构成的：摩天大楼是一个巨大的长方体，飞快转动的车轮是一个圆，精美的书签是长方形的，闹钟有一个圆形的表盘和三根直线形状的针……你能在所有的物品身上看到各种各样的图形。

用图形画出世界

几何图形是一个成员众多的大家族，它们虽然外表不同，各有各的特点，但当它们聚合在一起时，世间万物都可以被刻画下来。

1. 俄罗斯瓦西里升天大教堂

当长方形、正方形、三角形、圆形等图形和鲜艳的颜色相遇后，美丽的瓦西里升天大教堂便栩栩如生地跃然于纸上了。

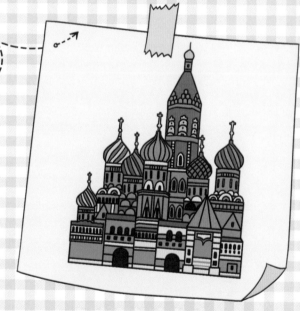

2. 法国埃菲尔铁塔

即使是最简单的线条，也能勾勒出埃菲尔铁塔的"丽影"！

3. 北京故宫博物院

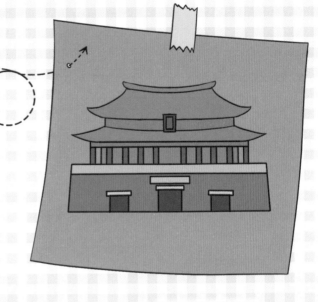

当故宫博物院被抽象成平面图形后，它依然是一座金碧辉煌、庄严肃穆的伟大建筑。

4. 意大利比萨斜塔

只要能够抓住比萨斜塔的最大特征，你就能用图形将它形象地画在纸上。

5. 英国伦敦塔桥

三角形的小尖顶、长方形的塔身、线条勾勒出的大桥……当伦敦塔桥变成图形后，它看起来多了一份可爱。

毕达哥拉斯是生活在距今约 2500 年前的古希腊数学家，在数学界堪称传奇人物。毕达哥拉斯出生在爱琴海中的萨摩斯岛，曾在名师门下学习几何学和自然科学。因为与萨摩斯岛的统治者不和，他被迫流亡海外，辗转多个国家后才在意大利南部扎下根来。他在当地创办了一所招收年轻人的学校并逐渐衍生出毕达哥拉斯学派。

毕达哥拉斯将专门从事几何学和天文学研究的资深门徒称为"mathematikoi"，这正是"数学家"一词的希腊语原形，在当时泛指学者。

做一做

叫上两个好朋友，找出 3 根长度分别为 3 米、4 米和 5 米的绳子，再挑一个宽敞点的地方。将 3 根绳子首尾相连，绳头牢牢攥在每个人手中。握住两根较短绳子的人站在角落，另两人拉住绳子直至绷紧。

现在，3 根绳子组成了一个三角形。问题来了。长度为 3 米和 4 米的两根绳子的连接处，形成了哪种夹角？

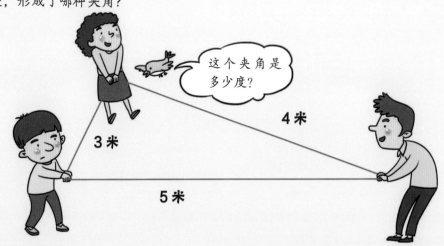

这个夹角是多少度？

3 米

4 米

5 米

毕达哥拉斯最著名的成就是毕达哥拉斯定理（又称"勾股定理"）。

毕达哥拉斯定理是有关直角三角形的知识，你们手里的绳子，应该也能拉出一个直角三角形吧？只要是直角三角形，3条边之间必然存在特殊的关系。

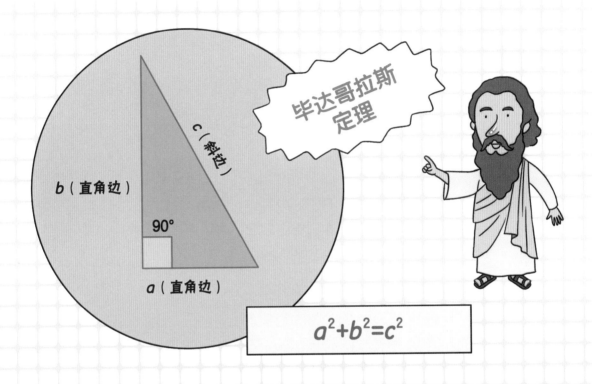

毕达哥拉斯定理

b（直角边）
c（斜边）
90°
a（直角边）

$$a^2+b^2=c^2$$

做一做

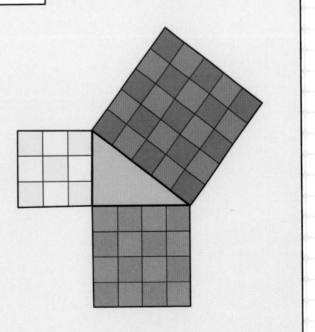

1.利用直尺，画出边长分别为3厘米、4厘米和5厘米的直角三角形。

2.分别以三角形的3条边作为边长画出3个正方形。计算出每个正方形的面积。

3.找出3个正方形之间的联系。

4.再用几个例子证明自己的猜想。

比如画出边长分别为5厘米、12厘米和13厘米的直角三角形，计算以3条边为边长延展出的3个正方形的面积。

准备材料：
土黄色折纸若干

三角形大变身

　　变变变！简简单单的三角形可以变成许多有趣的物品，三角装饰、金字塔、五彩小粽，你喜欢哪一种？快来一起动手做做吧！

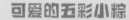

可爱的五彩小粽

准备材料：
剪刀、卡纸、五色线、中性笔、针

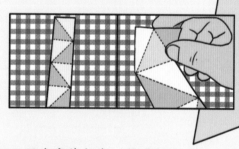

步骤：

　　1. 把卡纸剪成大约四五厘米宽的长条，然后如右图所示，用中性笔在纸条上画上虚线；

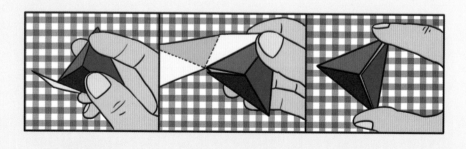

　　2. 沿着虚线的部分一直折，折到最后，长卡纸就会变成一个六面体的小粽子；

3.拿出一根五彩线，把它的一头塞进粽子里面，然后顺着粽子绕四五圈，剪断彩线，将断的一头塞进刚绕好的线下面；

4.将其余5种彩线按照上面的步骤缠绕在小粽子上，一直缠绕到底部为止；

5.用你喜欢的颜色做一个漂亮的穗子，然后用针穿过五彩小粽，可爱的小粽子就做好啦！

做好的五彩小粽可以挂在阳台上或者床头，包裹着满满祝福的五彩小粽真是太可爱啦！

用火柴拼搭三角形

1 个三角形

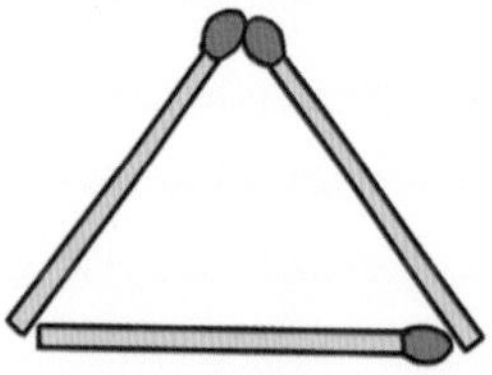

3 根火柴

2 个三角形

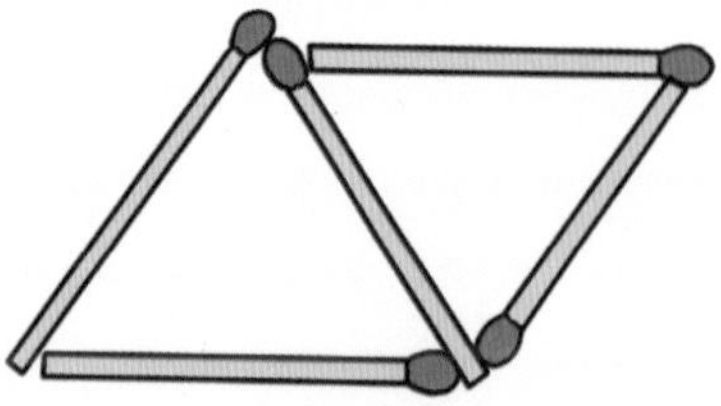

5 根火柴

3 个三角形

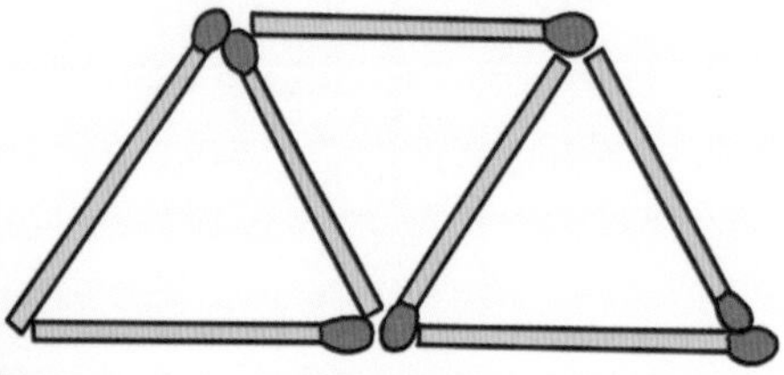

7 根火柴

4 个三角形

？

几根火柴

做一做

拼搭三角形模型，你需要准备好一盒火柴。

1 个三角形需要 3 根火柴，2 个三角形需要 5 根火柴，3 个三角形需要 7 根火柴，以此类推。

4 个、5 个和 6 个三角形，分别要用多少根火柴？10 个呢？11 个呢？

到目前为止，你都可以通过动手拼搭的方式，数清楚所需火柴的数量。可如果要搭出 39 个三角形，需要用到多少根火柴呢？甚至 85 个、100 个三角形呢？

解决这个问题，最好的方法是制作一张表格，就像这样：

三角形	火柴
1	$3=1+2=1+1 \times 2$
2	$5=1+4=1+2 \times 2$
3	$7=1+6=1+3 \times 2$
4	$9=1+8=1+4 \times 2$

39 个三角形

85 个三角形

100 个三角形

多少根火柴？

你知道三角形和火柴的数量之间有什么联系吗？

从图形中获得灵感

右边这个图形由 4 条边和 4 个角组成，因此称作任意四边形。现在，我们需要分别标出每条边的中点（总共 4 个中点），然后用 4 条线段依次连接 4 个中点，得出一个新的四边形。

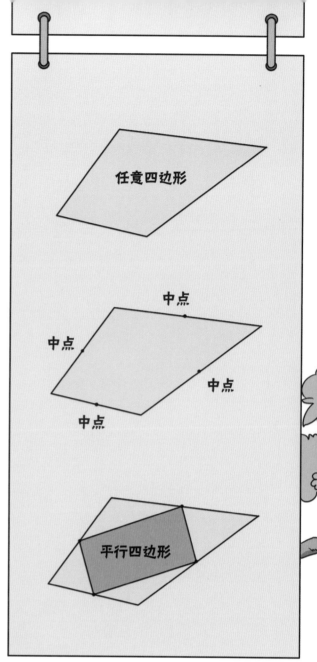

任意四边形

中点 中点 中点 中点

平行四边形

长边 短边 短边 长边

平行四边形

你会惊讶地发现，新四边形的两条短边完全相等，两条长边也完全相等。这样的图形就是平行四边形。

正是通过这种方式，数学家从各种图形中获得灵感，找出相同点和规律，从而推导定理，构建模型的。

16

做一做

在纸上画一个任意四边形。钝角，锐角，长边，短边，你可以尽情发挥，创造出最奇怪的边边角角。然后用尺子量出每条边的中心，再用线段依次连接4个中心点。看，一个平行四边形出现了！多试几次吧！

有趣的四边形

作为一个四条边组成的图形，四边形看起来简单而又无趣，但其实在日常生活中，四边形却有着不少有趣的小故事，快来看看吧！

平行四边形机构

"平行四边形机构"是机械中的一种装置，它是构件呈平行四边形的平面连杆机构，如早期的蒸汽火车车轮就是典型的"平行四边形机构"。在蒸汽的驱动下，连杆和机架不停地推动着车轮运转，火车自然就能跑起来啦！

苏格兰格子

几乎苏格兰的每个地区都有各自的格子服装，人们甚至能够根据服装上的格子判断出衣物的主人来自哪里。苏格兰王室贵族也有专属的"贵族格"。苏格兰格子可以说是四边形中最"高贵"的图案了。

扑克中的方块

　　扑克一共有4种图案，分别是黑桃、红心、梅花、方块。在这4种图案中，黑桃代表橄榄叶，象征着和平；红心代表心脏，象征着爱情；梅花代表三叶草，象征着幸福；方块代表钻石，象征着财富。为什么方块会象征财富呢？人们猜测，可能是因为钻石的切面大多数是菱形的，所以方块才象征着财富。

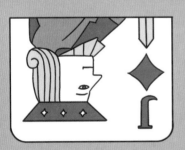

追捕博物馆大盗

在一个月黑风高的夜晚，狡猾的X大盗潜入数字博物馆，偷走了一幅价值连城的名画。O探长接到消息，连忙前往现场。博物馆的监控被动了手脚，除了捕捉到一个巨大的黑影之外，什么线索都没有。

"很明显，犯罪嫌疑人必定是四边形中的一员！"O探长胸有成竹地说，"你们仔细看看这个黑影的边缘，它并不是有弧度的圆，也不是有波动的曲线，而是4条首尾相连的线，这个黑影必然和四边形有关，我们必须马上调查所有的四边形！"

菱形是第一个被调查的对象，它踮起自己的脚尖，对O探长说："看看，那家伙跑得那么快，怎么可能是我？我脚小，跑不快滴！"

看着菱形的小脚丫，O探长认为它说得有道理。

第二个被调查的是梯形，梯形连门都进不来，它的大肚子卡在了门上！好啦，不用说，大盗肯定不是梯形，它连博物馆的门都进不来。

之后被调查的是正方形，它身材小巧，和巨大的黑影一点儿也不符合。

长方形姗姗来迟，它瘦长的身形也和黑影没有任何相似之处。

平行四边形也来了，它的力气很小，O探长让它试了试，它连一块石头都搬不起来。

最后到场的是任意四边形。虽然看起来它和黑影外形相似，可大家都知道，任意四边形是个傻憨憨，哪有智商破解博物馆的监控系统呢？

案件就此卡住，谁也判断不出博物馆大盗究竟是四边形家族中的哪一成员。O探长目光如炬地在四边形中扫来扫去，突然，它灵机一动，想到了博物馆大盗的破绽！

O探长将任意四边形每条边的中点找出，然后将4个中心点连接了起来，一旁的平行四边形脸色大变，它知道自己插翅难逃了！

原来，博物馆大盗是两个人！身手好却脑筋差的任意四边形在聪明的平行四边形的指挥、带领下，闯进了博物馆，偷走了名画！不管是什么样的任意四边形，只要将它4条边的中点连在一起，就能组成一个平行四边形！它们自以为搭配得天衣无缝，最终却被知识渊博的O探长看破，真是"天网恢恢，疏而不漏"呀！

这是一个神奇的正方形。试着将每一行、每一列和每一条对角线上的数字分别相加。

你发现它的神奇之处了吗？

这种神奇的正方形会被分成一定数量的小方格，上图中就有4×4=16个方格，每个方格内有一个1~16各不相同的整数。正方形内每一行、每一列和每条对角线上的数字之和相等。

正方形被分为 16 个方格，每一行和每一列各有 4 个方格时，这样的正方形又被称为十六宫格。16 个方格里需要不重复地填上 1~16 的整数。

正方形还可以分为 3×3=9 个方格（九宫格）、5×5=25 个方格（二十五宫格）、6×6=36 个方格（三十六宫格）等情况。

这是另一个十六宫格。

每一行、每一列、每条对角线上的数字之和还是 34 吗？

做一做

动手做一个九宫格

1. 用一张白纸，剪出 9 个大小相同的正方形。

2. 在正方形内分别写上数字 1~9。

3. 将正方形排列成 3×3 的九宫格形式。确保每一行、每一列或每条对角线上的 3 个数相加结果完全相等。

4. 记下数字的排列顺序和 3 个数相加之和。想一想，为什么会得出这个结果？

你还可以做一个十六宫格

1. 用一张白纸，剪出 16 个大小相同的正方形。

2. 在正方形内分别写上数字 1~16。

3. 将正方形排列成 4×4 的十六宫格形式。避免和上一页的图示重复。使每一列，每一行或每条对角线上的 4 个数相加，结果仍是 34。想一想，为什么会得出这个结果？

许多数学问题源自神话，例如神奇的九宫图。传说在 3000 多年前的中国，洛河中浮出神龟，龟背上有九宫格的图案。大禹依此治水成功，并将该图案命名为"洛书"。

洛书

④ ⑨ ②
③ ⑤ ⑦
⑧ ① ⑥

大禹治水

由于相信正方形能带来好运，中国古代的统治者将许多城市都规划成四四方方的造型。直至今天，还有很多人相信佩戴方形的玉坠能抵抗疾病。

明代的北京城

用正方形拼拼图

这种拼图可不常见，它的每块拼板都是大小相同的正方形。你需要用它们拼出一个矩形——简单地连成一行可不行，至少要拼出 2 行、3 行，甚至更多行。

让我们试试看，拼出一个矩形需要几块正方形。

先从 5 块的拼起。它们能正好拼出一个矩形吗？不行。无论怎么拼都多出一块。

所以，用某些数量的正方形拼板，是无法拼出矩形的。

多出一块。

5 块正方形连成一行不算！

5 块没法拼。

现在用6块拼板试试。能拼出一个矩形吗？当然可以。将它们摆成2行，就能拼出一个2×3的矩形。

这种情况下，2×3的矩形等同于3×2的矩形。

所以，用某些数量的正方形拼板，是可以正好拼出矩形的。

如果用9块拼板，能正好拼出一个矩形吗？只要摆成3行，就可以拼出一个3×3的矩形。（确切地说，是一个大正方形，因为正方形是一种特殊的矩形。）

如果是12块拼板呢？那就有意思了，因为可以拼出两种矩形。

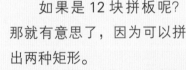

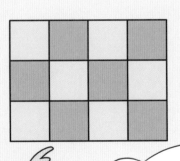

那么问题来了，用多少块正方形的拼板，能且只能拼出一种矩形？

剪剪拼拼，秒变正方形

你喜欢玩拼图游戏吗？你能把不同的形状拼成正方形吗？只要找到窍门，剪一剪、拼一拼，你的手上很快就能出现一个正方形。

只要将上面多余的部位切下，补在右边，就可以变成一个正方形。

实验二：这是两个边长都是 1 厘米的正方形，怎样将它拼成一个大正方形呢？

只要将两个正方形分别沿对角线剪开，再重新拼接，就能拼成一个大正方形。

实验三：一个边长是 2 厘米的正方形和一个边长是 1 厘米的正方形，能够拼成一个大正方形吗？

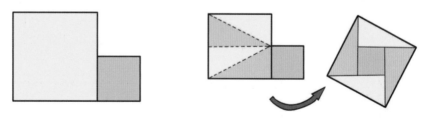

只要将大正方形剪三刀，然后围着小正方形重新拼接，就能成为一个新的大正方形。

小窍门

拼接前后的图形面积是不变的，可以根据原图形的面积算出新正方形的边长，然后就知道怎样裁剪和拼接了。

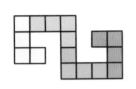
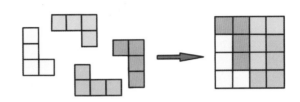

图中共有 16 个小正方形，仔细观察，它们可以分成 4 个 L 形，而 4 个面积相同的 L 形恰好能够拼成一个正方形。如果小正方形的面积都是 1 厘米^2 的话，拼成的正方形面积应该是 16 厘米^2，那么正方形的边长应该是 16÷4=4 厘米。L 形互相嵌合，则成为边长是 4 厘米的正方形。

实验五：小木匠有一块木板，他想将木板拼成一张正方形的桌面，怎样锯才是最简单的方法呢？

只要锯两次，小木匠就能把这块木板拼成一个正方形桌面。

剪一剪　拼一拼

请将下面两个图形，剪一刀拼成正方形。

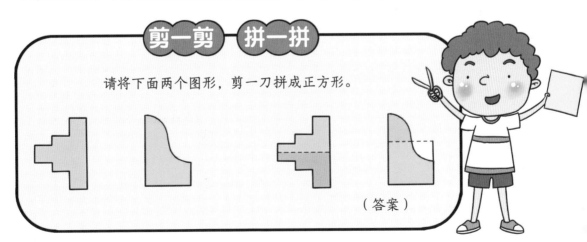

（答案）

聪明的小牧羊人

杰克是一个8岁的小牧羊人，他和其他5个牧羊人为财主老爷家整整放了一年羊，羊儿们被养得又肥又壮。财主老爷十分满意，他打算奖励家里的6个牧羊人。

然而并不是所有人都能拿到奖励，因为财主老爷拿出了一根24米长的绳子，让牧羊人们用这根绳子围出不一样的羊圈：大家围羊圈的方法不能一样，只有按照要求围出羊圈的牧羊人才能拿到奖励。

第一位牧羊人根据自己多年放羊的经验，试了好多次，终于围出了一个长8米、宽4米的羊圈，财主老爷点点头，给他发了一个大大的红包。

第二位牧羊人用他的脚不停地来回丈量，总算定下了羊圈的标准，他围了一个长6米、宽6米的羊圈，也从财主老爷那里领到了一个大红包。

第三位牧羊人很幸运，他几乎没有任何思考就围好了一个长7米、宽5米的羊圈，因为他家里刚刚开垦了一块周长是24米的地，他真是太幸运了！

现在只有杰克和其他两个牧羊人没有围羊圈了，那两位牧羊人急得满头大汗，因为他们实在不知道该怎么做。在杰克悄悄地提醒下，两人终于围成了羊圈：一个长9米、宽3米的羊圈和一个长10米、宽2米的羊圈。

看到大家都完成了任务，杰克这才上前，他围了一个长11米、宽1米的羊圈。

财主老爷哈哈大笑，他给聪明的小杰克奖励了2个大大的红包！

无处不在的对称

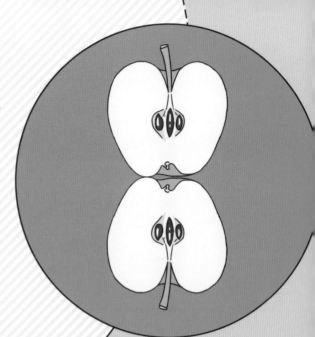

这个世界上，有许多东西都是数学家发明的，然而对称并不包含在其中。对称无处不在，只是碰巧被数学家发现，才引起大家的注意。

我们周围的绝大多数物体都具有对称性，比如飞机、汽车、小猫、小狗、人类、树干、叶片和花朵等。就拿苹果来说吧，如果从中间切成两块，会是什么模样？

轴对称图形

对称轴

在数学和物理学领域里，对称是极其重要的概念。数学家虽然不是对称的发明者，却是它的命名者。他们赋予对称的含义是：

"所谓对称，指物体或图形在旋转、平移、镜面成像等变换条件下其相同部分不变的现象。"轴对称指的是，某个物体能够平均地一分为二，两部分互为镜像。和绝大多数动物一样，人的身体存在一条对称轴（假想的中轴线，能将物体分成互为镜像的两部分）。轴对称也称作镜面对称或左右对称。和人类一样，鱼、昆虫、蜘蛛、鸟和哺乳动物都具有轴对称性。

做一做

将白纸对折，展开后用水彩颜料在其中一半上作画，比如可以画蝴蝶的一只翅膀。折线即对称轴，沿折线再次对折纸张，将空白的一半纸压向有水彩颜料的一半纸，从而得到完全对称的另一只翅膀。

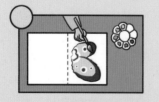

按顺序写一遍字母表。哪些字母具有对称性？
哪些字母不具有对称性？

像大写字母 H 这样，就有 2 条对称轴。
我们在生活中还能见到旋转对称的情况。也
就是说，将某一物体旋转一定角度后（不超
过一整圈），与初始状态能够完全重合。

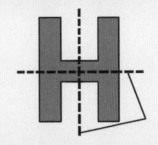

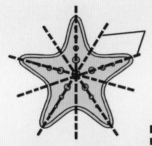

一个很好的例子是五角海星，它既有轴
对称性，又有旋转对称性。它有 5 条对称轴，
围绕中心点（5 条对称轴相交的点），无论
是以顺时针还是以逆时针的方向旋转1/5圈，
它都会和原来的图案一模一样。

左面的图案同样具有
对称性。你可以将板块平
行移动，沿对称轴镜面成
像，或是围绕定点旋转，
得到的图案都会和原始图
案重合。

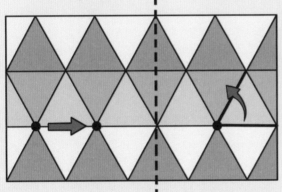

做一做

和好朋友一起，寻找生活中的对称吧。屋里屋外都要仔细看
哦！你都发现了哪些对称的物体和图形呢？有时候，旋转对称可
是相当有迷惑性的。带上纸和笔，把对称的物体和图形画下来，
别忘了标出对称轴哦！

圆形大探索

很早很早以前，早到原始时期，人们虽然不知道圆这个概念，但却发现了很多圆——白天太阳是圆形的；晚上，月亮有时也是圆形的；砍掉的树木，横截面是圆形的。原始人虽然没有对圆形统一命名，但他们已经意识到圆形是随处可见的。

约30000年前，山顶洞人佩戴起了饰品，它们是一串串兽牙、砾石或者石珠。聪明的山顶洞人用一种尖尖的石器在这些饰品上面磨出了一个个小圆孔，然后用绳子串起来戴在身上。这些小圆孔大约就是最早应用在生活中的圆形之一。

陶器时代，人们学会了制作陶罐，他们将和好的泥土放在一个转盘上，慢慢地转动转盘。泥土就这样一圈圈地变成了圆形的陶罐。人们用这些陶罐来盛水、装粮食。

在建造房屋和宫殿的过程中，古人们发现圆的木头滚着走比较省劲。古埃及人在建造金字塔的时候，就把几段圆木放在重重的石块下面，这样搬运石块会省力很多。

公元前 3500 年左右，美索不达米亚平原出现了最早的车轮。人们把厚木板钉在一起，做成了一个坚固而又沉重的圆盘。这些圆盘被用在手推车或者战车上，大大地提高了行驶和运输的效率。

直到 2000 多年前，春秋时期墨家学派的创始人墨子才给圆下了一个定义："一中同长也。"意思是说，圆有一个圆心，圆心到圆周的距离都相等。

古希腊数学家欧几里得进一步论证了圆的相关知识。直到现在，人们都还在学习他的观点。

一中同长也。

圆就是在同一平面内，到定点的距离等于定长的点的集合。

圆形大揭秘

圆的概念

圆，一中同长也。——墨子

圆就是在同一平面内到定点的距离等于定长的点的集合。——欧几里得

古代著名的数学家们为圆下了准确的定义，这些定义或许看起来有点儿难懂，但通过几个简单的步骤，你就能瞬间理解这两句话的意思。

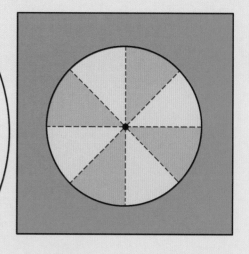

用纸剪一个圆，然后把这个圆对折几次后打开，你会发现所有的折痕都会经过一个点，并且所有折痕的长短都是相等的。

墨子所说的"一中"也就是这个点，"同长"也就是这些长度相等的折痕。

欧几里得定义中的"定点"同样说的是这个点，"点的集合"则是指圆的边，而"定点到定长的距离"说的就是半径了。

认识圆形

从上面两个定义中，我们可以看出圆的特性：

一个圆有一个圆心。

一个圆的直径、半径的长度永远相等。

一个圆有无数条半径和无数条直径。

一个圆的所有的直径都可以将其分成相等的两半。

圆心：一个圆内直径相交的点叫作圆心，圆心一般用 O 来表示。

直径：通过圆心并且两端都在圆上的线段叫作直径，直径一般用 d 来表示。

半径：连接圆心和圆上任意一点的线段叫作半径，半径一般用 r 来表示。

直径和半径的关系是：$d = 2r$　$r = \frac{1}{2}d$

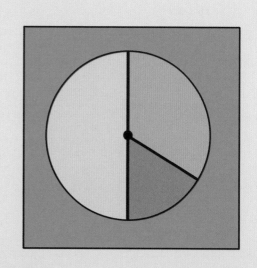

用圆规在纸上画圆，如果围绕同一个圆心画圆，你会发现：圆规张开的角度越大，画出的圆形也就越大。也就是说：

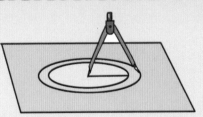

 圆心决定了圆的位置，而直径和半径决定了圆的大小。

圆的**计算**

圆的周长 $=2\pi r=\pi d$ 圆的面积 $=\pi r^2$

π 就是圆周率，它是一个固定的数值。在一般的计算中，人们通常都用 3.14 代表圆周率去进行近似计算。

可以变成圆的图形

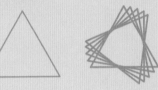

这是一个正方形，以它的一个顶点为中心，不停地旋转，最终形成了一个漂亮的圆形图案。

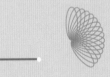

除了直线图形之外，曲线图形旋转后也能得到圆形图案。

如何画圆形

利用圆规可以画出标准的圆。圆是一个闭合的圈，从圆心到圆周上任意一点的距离完全相等，这一距离就是圆的半径。两条半径的长度之和等于一条直径。

固定针尖，稍稍倾斜转轴。然后将笔尖旋转一圈。

用圆规画一个圆。圆规两脚间的距离即为半径，保持这一距离不变，刚好能在圆周上均等地画出 6 个点。也就是说，无论圆的大小如何，总能利用圆规对圆周进行六等分，相邻两点间的弦长（连接圆上任意两点的线段叫作弦）等于半径。

六边形就是这样画出来的。

有了圆和六等分点作为基础，你可以设计出更多图案。下面就是一些例子。

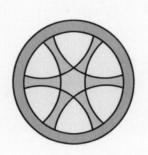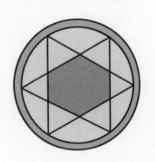

如何画出一个大圆

只需两根木棍和一捆绳子，你就可以在屋外画一个大大的圆。

1. 将两根木棍分别固定在绳子的两端。

2. 把其中一根插入土中，确保其不会移动。尽量拉直绳子，用另一根木棍在地上画出圆的轨迹。

3. 绳长即为圆的半径。绳子伸长或缩短决定了圆的大小——你想画多少个都没问题！

和好朋友合作，校园操场有多大，你们就能画多大的圆。

如果是水泥地的话，可以将绳子一端松松地系在易拉罐上（以免画圆时绳子缠绕），另一端绑上粉笔来操作。

DIY 圆形的海底世界

虽然海底世界不可能是圆形的，但是我们却可以用圆形制作一个五光十色的海底世界。

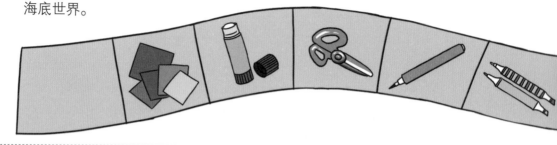

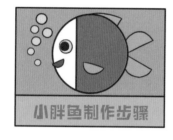

小胖鱼制作步骤

1. 将白色的 A4 纸剪成一个大圆，然后沿着直径将圆涂成两种不同的颜色，一半当小胖鱼的头部，一半当小胖鱼的身体；

2. 剪一大一小两个圆形，将小圆粘在大圆上面，做成小鱼的眼睛；

3. 剪两个比身体小一些的圆，对折起来，当小鱼的尾巴；

4. 用红色的彩纸剪成半圆形或者圆形，当小鱼的嘴巴；

5. 剪一串串的小圆，作为小鱼吐的泡泡；

6. 将做好的物品粘在一张蓝色的彩纸上，然后按照步骤做一些不同大小、颜色的小鱼，你的小胖鱼一家就做好啦！

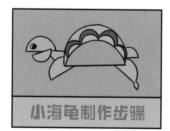

小海龟制作步骤

1. 剪一个大大的半圆，作为小海龟的龟壳，再剪一些小的半圆，粘在龟壳上作为龟甲；

2. 剪一大一小两个半圆，大的在上面当小海龟的头，在上面贴上圆圆的眼睛；小的半圆贴在头部下方，当小海龟的嘴巴；

3. 把一个圆剪成两半，一半作为小海龟的脖子，连接头部和龟壳；另一半作为小海龟的尾巴，贴在龟壳后方；

4. 再将另外一个圆剪成两半，站在龟壳的下方，作为小海龟的脚，活灵活现的小海龟就做好啦！

小螃蟹制作步骤

1. 用黄色的彩纸剪一个大大的圆，作为小螃蟹的身体，再剪一个红色的半圆，当小螃蟹的嘴；

2. 剪 3 个圆，黄色的最大，白色次之，黑色的最小并剪成两半，将 3 种圆形贴在一起，做成小螃蟹的一只眼睛；

3. 剪 3 个小圆，并将它们剪成两半，成为 6 个半圆，分别粘在小螃蟹的身体两侧作为脚；

4. 把圆形对折，将对折好的圆粘在螃蟹的底部作为蟹脚，将两个对折好的圆粘在一起，就做成了螃蟹的大钳子。威风凛凛的小螃蟹就做好啦！

除了这 3 种小动物之外，你还可以用圆形的彩纸做出龙虾、水草、石头等物品，你的海底世界一定会丰富多彩！

为什么篮球场的跳球圈是圆形的？

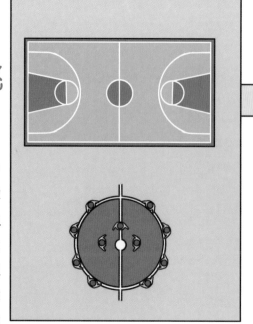

你有没有发现这样一件事：在篮球场的中线位置，有一个圆形的跳球圈，为什么要在球场中间画一个圆呢？不能画方形或者其他多边形吗？在篮球比赛中，运动员们需要用跳球的方式开球，裁判站在跳球圈的中心处抛球，跳得高的运动员把球拍给自己的队友。如果跳球圈是一个方形或者其他形状，那么运动员离球的距离就是有远有近的，这样比赛的公平性就无法保证。而圆形则不同，圆上的每个点离圆心的距离都是相等的，因此，跳球时，运动员们站在跳球圈的边上，他们和球的距离是相等的，这样是最公平的。

为什么井盖是圆形的？

马路上的井盖为什么是圆形的呢？它就不能做成方形吗？圆的特点就是从圆心到边的距离全部相等，因此，就算井盖翘起来，它也不会轻易掉进下水道里。但如果井盖做成正方形，当它翘起来，很容易就会掉进下水道里，因为正方形的对角线比四条边都长。

另外，井盖做成圆形的话，下水道一旦出现问题，工人维修时会比较方便，不容易剐蹭，而方形的角却很容易剐蹭到人的衣物或者身体。

咋转我都掉不下去！

哎呀，才转了一下就要掉坑里了！

为什么车轮是圆形的？

汽车、自行车、玩具车，几乎所有的带轮子的交通工具，都"长"着圆形的"脚"，这是为什么呢？难道别的图形就"跑"不动吗？其实别的图形也能动起来，但由于圆周到圆心的距离相等，所以当圆形车轮跑起来时，车轴到地面的距离总是相等的，也就是圆的半径。只要道路平坦，车轴总是在同一高度，装上这种车轮，车子跑起来当然是又快又稳啦！

如果车轮被做成了方形或者椭圆形，即使在平坦的道路上，它的车轴与地面的距离总是不停地变化，车子就随之颠簸不已。坐这样的车子，对屁股实在是太不友好了，赶紧换车轮吧！

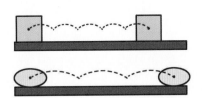

保卫蓝玫瑰

小花匠约翰为伯爵家种出的玫瑰花特别受欢迎。今年，除了粉玫瑰、红玫瑰和黄玫瑰外，约翰竟然种出了罕见的蓝玫瑰。伯爵开心极了，邀请了一大批贵族来参观自己的玫瑰园。

有一位侯爵想把这些漂亮的蓝色玫瑰花据为己有。他左看右看，突然，他想到了一个点子。

"伯爵，你家的玫瑰开得不错！"侯爵站在一片红玫瑰前，笑嘻嘻地夸着伯爵，"送我几支玫瑰怎么样？"

伯爵二话没说就答应了。侯爵哈哈地笑了："你看，我就站在这里，我就在离我最小距离 6 米、最大距离 12 米的位置上画个圆，这个圆里的玫瑰花你都送我呗！"

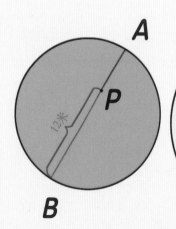

P 点是侯爵的位置，PB 是最大距离 12 米，PA 是最小距离 6 米，那么这就是一个直径 18 米的圆，画出的圆能够把一大半蓝玫瑰包住。

伯爵皱了皱眉头，那也就是说，侯爵可以画一个半径 9 米的圆，半径 9 米的圆几乎包括了花园里一大半的蓝玫瑰，辛辛苦苦种的蓝玫瑰，难道就这样拱手让人？可大庭广众之下，伯爵还真没办法反悔。

正在这时，在一旁照料蓝玫瑰的小花匠开口了："伯爵大人，看来侯爵大人是很喜欢咱家的红玫瑰呢，您就送他吧！"

伯爵烦恼极了，他小声说："傻小子，他要的是你辛辛苦苦种出来的蓝玫瑰！"

约翰拿起一根木棍，在地上画了起来。"侯爵大人说以他刚刚站的位置为中心，在一个离他最小距离 6 米，最大距离 12 米的地方画圆，不就是这样吗？这里面全部都是红玫瑰呀！"

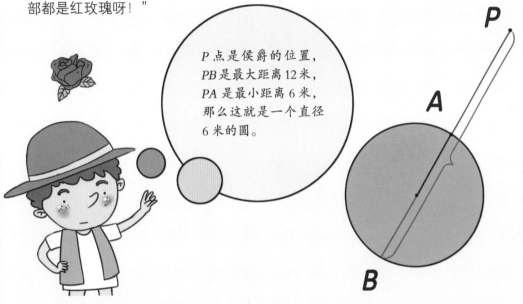

P 点是侯爵的位置，
PB 是最大距离 12 米，
PA 是最小距离 6 米，
那么这就是一个直径 6 米的圆。

伯爵和周围的贵族们一看，果然如此，这个圆里只有红玫瑰，约翰算的一点儿都没错！伯爵把这些红玫瑰送给了坏心眼的侯爵。伯爵既保住了自己的面子，又保住了珍贵的蓝玫瑰，他开心极了，奖励了约翰一枚大大的金币。

小提示：圆心和圆的位置不一样的话，画出来的圆面积也不一样，大家一定要注意哟！

螺旋和兔子

在自然界，你能发现各种各样的几何图形。螺旋就是其中之一，它无处不在——贝壳、鹿角、松塔、菠萝皮、菜花都有螺旋的形状。蝰蛇在攻击猎物前，会将身体盘成螺旋状。为了保暖，蝰蛇睡觉时也会采取这一姿势。

存在于广袤宇宙的螺旋星系，就是无数颗恒星汇聚在一起的庞大螺旋结构。

数螺旋线

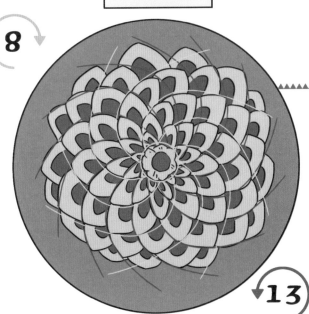

让我们从松塔表面的螺旋线开始。如左图所示，由内向外将所有顺时针方向的螺旋线标为黄色，所有逆时针方向的螺旋线标为红色。

数一数，由内向外画时，顺时针方向的螺旋线有几条（8 条），逆时针方向的螺旋线有几条（13 条）。

在著名的斐波契那数列里，8 和 13 是相邻的两个数。
0　1 1 2 3 5 8 13 21 34 55 89……

这样的结果是不是很奇妙？虽然第一眼看上去很混乱纷杂，可大自然早已暗含了特定的模式和规律。

做一做

数一数，向日葵的花盘有几条螺旋线？将上一页的图片复印下来。用一种颜色标出所有顺时针方向的螺旋线，用另一种颜色标出逆时针方向的螺旋线。它们各有几条？

答案依然是斐波那契数列里相邻的两个数。

用树林里收集到的松塔或者购买的菠萝做实验，数一数它们都有几条螺旋线。

分别按顺时针和逆时针方向数一数它们表皮上的螺旋线。

你要找的答案，其实都藏在斐波那契数列里。

　　斐波那契数列的定义者列昂纳多·斐波那契是一位生活在13世纪的意大利数学家。斐波那契的意思是"波那契之子"（波那契是他父亲的绰号），他也被称为："比萨的列昂纳多"。由于父亲工作的原因，斐波那契成长于北非，并因此接触到阿拉伯数字。他认为，阿拉伯数字使用起来比罗马数字更简便高效。

　　斐波那契在他的著作《计算之书》中，试着向意大利人阐述阿拉伯数字与罗马数字相比的优越性。商人和银行家却感到恐惧和抵触，他们认为阿拉伯数字会造成混淆和谬误：在一个数后面随随便便加上几个零，客户就可以从银行取走几百倍、几千倍的财产，太可怕了。

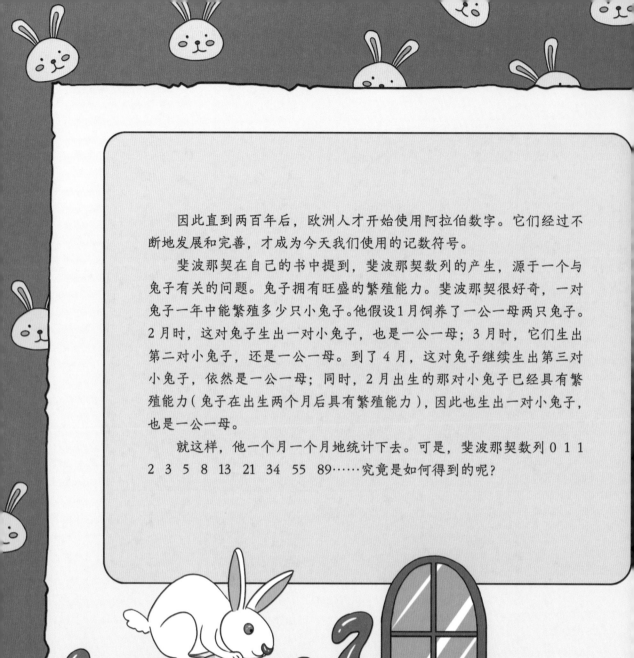

因此直到两百年后，欧洲人才开始使用阿拉伯数字。它们经过不断地发展和完善，才成为今天我们使用的记数符号。

斐波那契在自己的书中提到，斐波那契数列的产生，源于一个与兔子有关的问题。兔子拥有旺盛的繁殖能力。斐波那契很好奇，一对兔子一年中能繁殖多少只小兔子。他假设1月饲养了一公一母两只兔子。2月时，这对兔子生出一对小兔子，也是一公一母；3月时，它们生出第二对小兔子，还是一公一母。到了4月，这对兔子继续生出第三对小兔子，依然是一公一母；同时，2月出生的那对小兔子已经具有繁殖能力（兔子在出生两个月后具有繁殖能力），因此也生出一对小兔子，也是一公一母。

就这样，他一个月一个月地统计下去。可是，斐波那契数列 0 1 1 2 3 5 8 13 21 34 55 89……究竟是如何得到的呢？

1月		0
2月		1
3月		1
4月		2
5月		3
6月		5
7月		

　　0代表1月出生兔子的对数。1月没有兔子出生。

　　1代表2月出生兔子的对数。2月有1对兔子出生。紧接着的1代表3月出生兔子的对数。3月也只有1对兔子出生。

　　2代表4月出生兔子的对数。4月有2对兔子出生。

　　3代表5月出生兔子的对数。5月有3对兔子出生。（因为3月出生的那对小兔子已经长大，能够生出小兔子了。）

　　5代表6月出生兔子的对数。6月有5对兔子出生：开始的那对兔子生了一对小兔子，2月、3月、4月出生的4对小兔子又各自生了小兔子（1+4=5）。

　　之后，兔子出生的对数迅速增加。比如9月有21对兔子出生，10月有34对兔子出生。斐波那契数列中的任何一个数，都是前面相邻两个数的和。

神奇的莫比乌斯环

你需要准备以下材料：
一张白纸、铅笔、彩笔、剪刀和胶水。

在白纸上剪出两条纸带。这里提供一个参考尺寸: 6厘米宽,50厘米长。

50 厘米

6 厘米 ×2 条

● 将其中一条纸带的两端粘在一起，做成一个纸带圈。

● 将纸带圈的外侧涂成一种颜色，内
侧涂成另一种颜色。

● 如右图所示，沿中线剪开纸带圈。

● 结果如何？

你肯定想，这还不简单？一个纸带圈
变成两个纸带圈，宽度是原来的一半，外
侧一种颜色，内侧是另一种颜色。

● 将另一条纸带扭转半圈后，再把两端粘在一起，做成一个扭转半圈的
纸带圈。

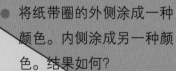

● 将纸带圈的外侧涂成一种
颜色。内侧涂成另一种颜
色。结果如何？

- 沿中线剪开纸带圈，会得到什么？
- 再次沿中线剪开纸带圈，又会得到什么？再沿中线剪开一次呢？

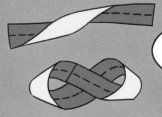

按照开始的尺寸，再剪出若干条纸带。用虚线标出中线。

- 将一条纸带扭转一整圈，粘接两端，做成一个扭转一圈的纸带圈。
- 将纸带圈的外侧涂成一种颜色，内侧涂成另一种颜色。这个纸带圈有一个面还是两个面？有一条边还是两条边？

- 沿中线剪开。结果如何？

- 另取一条纸带，将纸带扭转一圈半，粘接两端，做成一个扭转一圈半的纸带圈。

- 将纸带圈的外侧涂成一种颜色，内侧涂成另一种颜色。这个纸带圈有一个面还是两个面？有一条边还是两条边？

- 沿中线剪开。结果如何？

继续实验下去。将纸带扭转 4 圈、5 圈甚至更多，粘接两端。给纸带圈的外侧和内侧涂色。想一想，什么情况下，纸带圈会有两个面和两条边？什么情况下，纸带圈只有一个面和一条边？

扭转半圈后粘成的纸带圈就叫莫比乌斯带。它的发现者是德国数学家奥古斯特·费迪南德·莫比乌斯。

莫比乌斯带的神奇之处在于，它只有一条边和一个面。由于只有一个面，你在涂色的时候会发现，整条纸带圈只能涂成一种颜色。想要验证它是不是只有一条边，你可以用手指作蚂蚁，沿着莫比乌斯带的边走一圈试试。

从平面图形到立体图形

平面图形属于二维图形，它们只能在纸上活跃，但由它们组成的立体图形，却是能够摸得到的图形。

常见的立体图形

正方体

面数：6
棱数：12
顶点数：8

特征：六个面都是正方形。

长方体

面数：6
棱数：12
顶点数：8

特征：六个面一般都是长方形。

圆柱体

面数：3
高：无数
侧面图形：长方形

特征：以长方形的一条边为轴旋转一周而得。

圆锥体

面数：2
高：1
侧面图形：扇形

特征：以直角三角形一条直角边为轴旋转一周而得。

小实验：找找立体图形上的平面图形

找到一些立体图形，并将它们的某一面涂上颜色，然后将有颜色的一面印在白纸上，看看会是什么形状。

  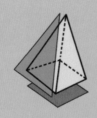 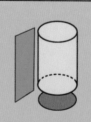 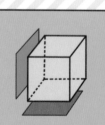

圆锥底部印在纸上的图形是圆形。	三棱锥的每个面印在纸上都是三角形。	四棱锥的侧面印在纸上的图形是三角形，底面则是正方形。	圆柱体的底面印在纸上的图形是圆形，侧面是长方形。	正方体的每个面印在纸上都是正方形。

由此可见，所有的立体图形，都是由平面图形组成的。

展开的立体图形

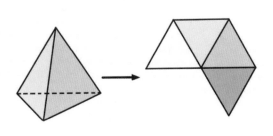
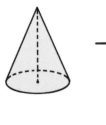

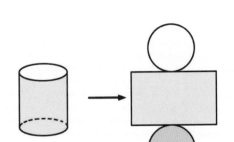
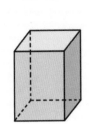
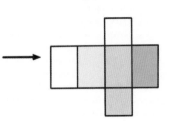

生活中的立体图形

藏在城堡里的图形

找一找，你能从城堡中发现多少个立体图形？

正方体

长方体

圆柱体

圆锥体

球体

不同的视角，不同的图形

人们的视线范围是有限的，人单眼的水平视角最大可达156度，双眼的水平视角最大可达188度。我们无法从一个角度看清楚整个立体图形的全貌，而当我们从不同的角度看立体图形时，它们也会呈现不同的样子。你和小伙伴一起观察立体图形，不同的图形，不同的角度，你们看到的图形可能是相同的，也可能是不同的。

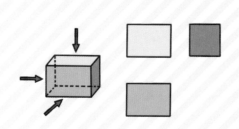

长方体不论从正面、侧面和上面看，看到的图形可能全是长方形，也可能有正方形。

正方体不论从正面、侧面和上面看，看到的图形全都是正方形。

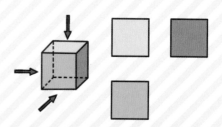

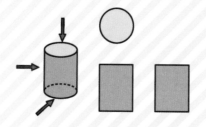

圆柱从上面和下面看到的是相同的圆，从正面和侧面看到的都是相同的长方形或正方形。

我们无论是从上面、下面还是侧面观察球体，看到的都是相同的圆。

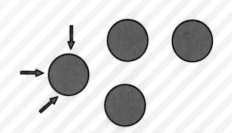

不愿露正面照的"马踏飞燕"

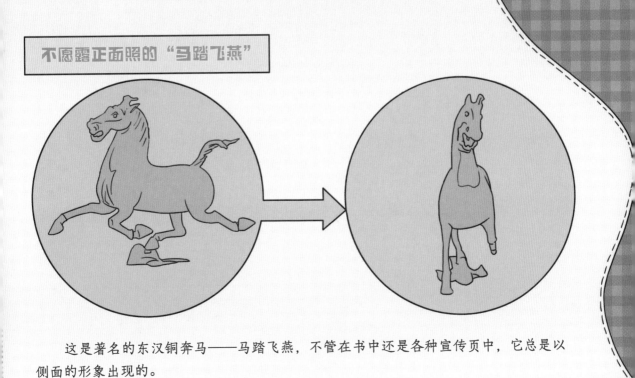

这是著名的东汉铜奔马——马踏飞燕，不管在书中还是各种宣传页中，它总是以侧面的形象出现的。

在进行拍摄时，摄影师们往往喜欢从多个不同的角度来拍摄，这样才能完全捕捉到物体的美。比如：

柏拉图立体

　　仔细观察一粒普普通通的食盐，有放大镜的话就更好啦。你可以看见盐粒像四四方方的小格子，呈现立方体结构。每一个这样的立方体都是食盐的一个晶体。

　　立方体是一种正多面体。正多面体意味着每一个面的大小一样，每一条棱的长度一样，每一个顶角的度数也一样。一共有 5 种正多面体，它们又被称为柏拉图立体。仅用等边三角形，即可组成其中的 3 种：

　　1. 正四面体（正三棱锥）由 4 个等边三角形组成。

　　2. 正八面体由 8 个等边三角形组成。

　　3. 正二十面体由 20 个等边三角形组成。

　　第四种柏拉图立体，即立方体（正六面体），由 6 个正方形组成。

　　第五种柏拉图立体，即正十二面体，由 12 个正五边形组成。

　　这 5 种正多面体因哲学家柏拉图而得名。

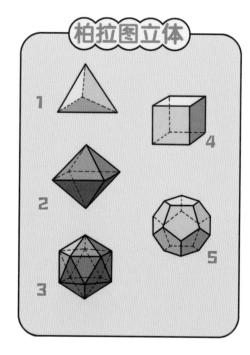

柏拉图立体

1
4
2
5
3

柏拉图生活在2000多年前的古希腊雅典。在其著作《蒂迈欧篇》里，柏拉图阐述了自己对宇宙起源的构想:"宇宙灵魂"孕育出土地和天空，进而创造出不同形式的恒星、行星、水、火、空气、植物、动物和人类。柏拉图写道:"在我们人类眼中，宇宙是混沌无序的。"可实际上，宇宙以极尽完美而和谐的方式存在。柏拉图表示，土地和天空可以归纳为四个元素:火、风、水、土，由于正多面体的结构最为完美，因此它们也是构成四元素的基础。

这就是柏拉图的观点:宇宙的本质是数学结构。在之后一千多年的时间里，人们始终对柏拉图的观点深信不疑。在创作于中世纪的一幅画作中，上帝被画成了一名数学家，他用手里的圆规创造出地球。

做一做

利用塑料吸管和扭扭棒，你也可以做出柏拉图立体。将塑料吸管一分为二，将扭扭棒塞入其中。利用两端伸出的扭扭棒旋转固定，将塑料吸管组合在一起。你可以试着做出正四面体、立方体，甚至更多。

四色问题

四色问题是数学领域中一个有着上百年历史的著名难题。内容如下：

只需 4 种颜色，就能为任意一张地图着色，使得拥有共同边界的两个国家颜色不同。

真的是这样吗？

没错。你只需要 4 种颜色，就能完成给下图着色的任务。绘图工作者很早就懂得用 4 种颜色绘制地图，但对于数学家而言，只有证明了它的真实性，才能称之为定理。而这样的证明，仅靠给不同的地图着色是远远不够的。

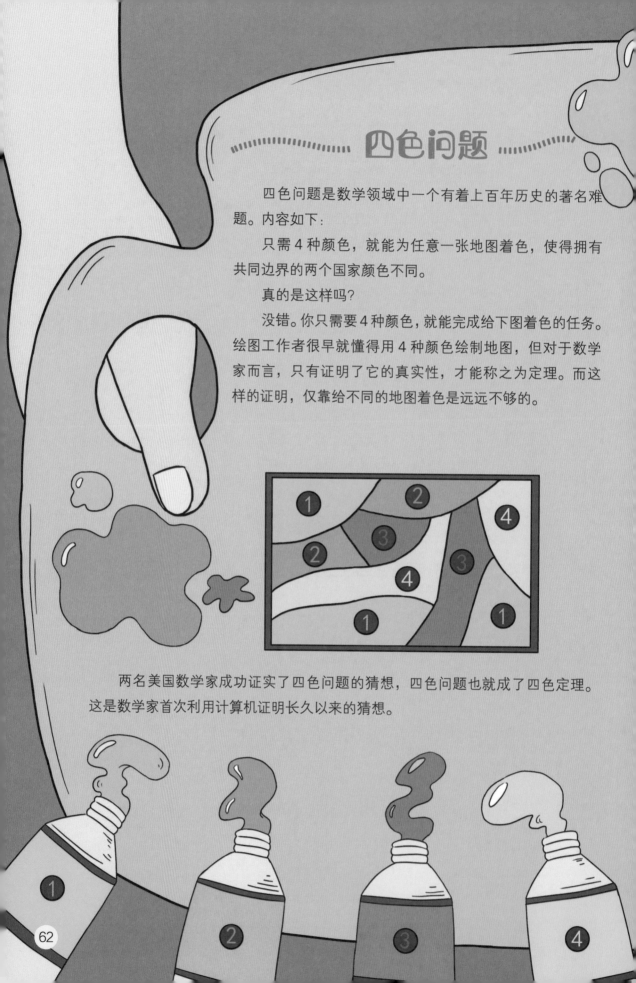

两名美国数学家成功证实了四色问题的猜想，四色问题也就成了四色定理。这是数学家首次利用计算机证明长久以来的猜想。

　　将下面的图形描下来，然后着色。你最多只能使用 4 种颜色，并且保证相邻的两片区域呈现不同的颜色。从正中的五边形开始，逐渐向四周扩充。

　　将世界地图上的非洲版图复印下来，然后着色。相邻的国家必须使用不同的颜色。只用 4 种颜色能完成这项任务吗？

黄金图画

文艺复兴时期，许多画家运用黄金比例创作绘画作品。莱昂纳多·达·芬奇坚信，数学应当为艺术创作服务。他受数学启发，创作了名画《维特鲁威人》，画中裸体人像的每一处身体部位都严格遵循"黄金分割率"。经过计算，他发现，面部（从下颌底端到额头顶端）是身高的1/8，双臂向上伸直，此时，脐部恰好位于人体正中位置。

做一做

你的身高比例符合黄金分割率吗？已知你的身高为 X，测得双脚到肚脐的距离为 Y，肚脐到头顶的距离为 Z。分别计算 $Y \div Z$ 和 $X \div Y$。如果两处所得的结果均为 1.61，那么，你的身体是符合黄金分割率的。

抽象画

抽象派画家运用几何图形反映现实。巴勃罗·毕加索和乔治·布拉克是立体主义画派的始祖，他们对几何体情有独钟，开创了使用立方体、球体和圆柱体表现人与物的先河。荷兰艺术家皮埃特·蒙德里安在其作品中，用黑色正交线条勾勒出正方形和黄金长方形图案。

准备一张 A4 纸，在上面画出 4 条水平直线和 3 条垂直直线，将纸面随机分为大小不等的正方体和长方体。将长方体依次涂成白色、黄色、红色、蓝色和黑色。用细头画笔将水平线与垂直线涂黑。这样，你就画出了一幅具有蒙德里安风格的抽象画。

做一做

几何派画家

文艺复兴时期，意大利画家皮埃罗·德拉·弗朗西斯卡和莱昂·巴蒂斯塔·阿尔贝蒂发明了能够赋予画面 3D 效果的透视画法。他们提出了有关角、平行等几何规则，以此呈现物体的远近、纵深和背景物体的比例。他们先于数学家认识到，远处的物体不仅更小，而且它们所处的水平线应该交汇于唯一的一点，即没影点，又称焦点。经过数学家的发展与完善，这些规则还广泛应用于地图绘制。

欧拉公式

　　莱昂哈德·欧拉是 18 世纪的一位数学家。他出生于瑞士的巴塞尔，13 岁时就进入巴塞尔大学读书。

　　除了数学，欧拉还研究天文学、生物学等科学，只要是大学里开设的学科，欧拉都有所涉猎。欧拉并不在海边生活，甚至从未见过一艘帆船，却完成了一篇论述船上桅杆最优放置方法的论文，并获得了巴黎科学院主办的征文竞赛二等奖。

　　不过，欧拉最擅长的仍是数学，并且他的脑子里总是充满奇思妙想。他思考的问题之一，就是多边形的顶点数和边数之间的关系。

　　欧拉将多边形上连接两个点的线段称为边，将两条边相交的点称为顶点。

顶点

边

$$V - E + F = 2$$

欧拉的爸爸是一名牧师，他一度要求儿子投身神学，但最终还是放弃了。

他的证明过程如下：

在纸上任意画出 5 个点，用线段将其依次连接。从而得到 5 个顶点和 5 条边。多边形内的部分算作 1 个面的话，多边形外的部分（纸面）就算作第 2 个面。

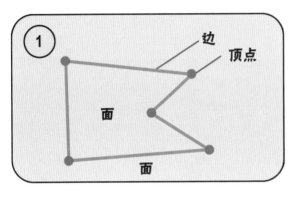

让我们继续欧拉的实验。在多边形外再画 2 个点，依次用线段连接。从而得到 7 个顶点、8 条边和 3 个面。接着再画 1 个点，用线段与多边形相连，从而得到 8 个顶点、10 条边和 4 个面。

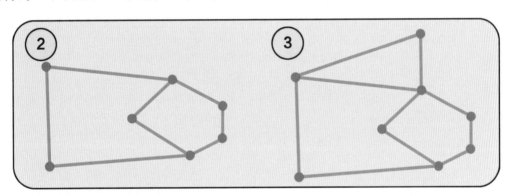

它们之间有什么关联吗？

我们可以试着用顶点的数量 − 边的数量 + 面的数量，看看分别得出什么结果。

1   5−5+2=2

2   7−8+3=2

3   8−10+4=2

结果都是 2。

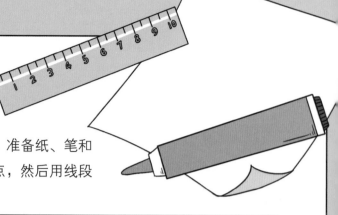

自己动手画一个新的多边形。准备纸、笔和尺子。比如，在纸上任意画 6 个点，然后用线段将其依次连接，从而得到：

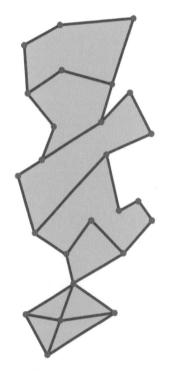

> 6 个顶点 −6 条边 +2 个面 =2

再画 3 个点，用线段依次连接。可以使用不同颜色的彩笔，以便识别出多边形增加的部分。从而得到：

> 9 个顶点 −10 条边 +3 个面 =2

换一种颜色的彩笔，再画 2 个点。用线段与多边形相连。从而得到：

> 11 个顶点 −13 条边 +4 个面 =2

你可以一直继续下去。只加一个点也行，多加四五个点也行。你也可以重新画一个多边形，无论它有几个顶点、几条边，形状有多奇怪，都可以得出同样的结果：

> 顶点的数量 − 边的数量 + 面的数量 =2

你能在其中一个面里加个顶点吗？试试看吧！

欧拉发现了多边形的顶点、边和面之间的关系。他证明出这一公式的结果永远等于2。欧拉对此当然很高兴，但碍于数学家的身份，他总不能把"顶点的数量""边的数量""面的数量"这类词汇写进公式，因此他选择用数学符号来描述公式：

顶点的数量 $=V$

边的数量 $=E$

面的数量 $=F$

公式可以写成 $V-E+F=2$

这就是欧拉公式。

直到 300 年后的今天，欧拉公式仍然意义重大，被广泛运用于拓扑学领域。拓扑学是物理学家研究宇宙的数学理论。比如，宇宙是有限的还是无限的？这就是一个拓扑学问题。

拓扑游戏

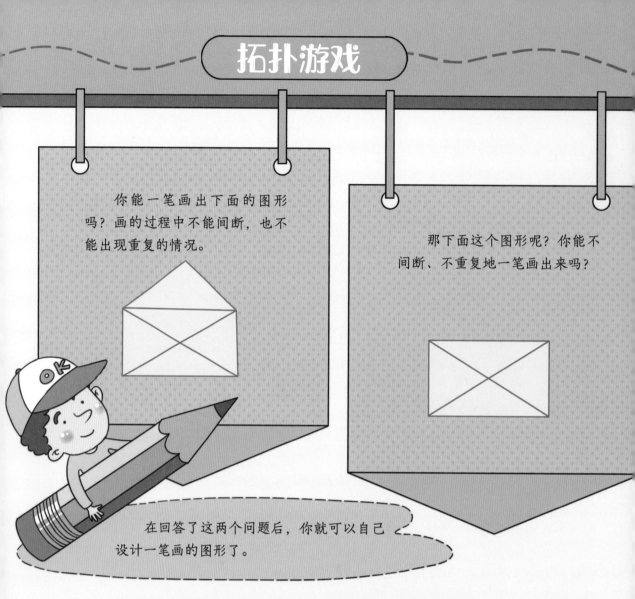

你能一笔画出下面的图形吗？画的过程中不能间断，也不能出现重复的情况。

那下面这个图形呢？你能不间断、不重复地一笔画出来吗？

在回答了这两个问题后，你就可以自己设计一笔画的图形了。

拓扑学家根本不需要涂涂画画，就能知道哪些图形能够不间断、不重复地一笔画出。他们将连接有奇数条边的顶点称为奇点，并研究图形中奇点的个数。下方的图中，有3条边与奇点相连。连接偶数条边的顶点称为偶点。下方的图中，有4条边与偶点相连。

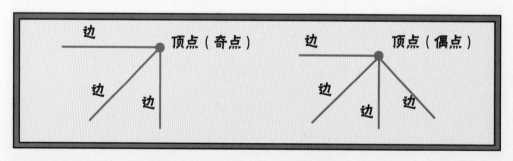

瞧，拓扑学家的秘密就藏在后面的图表中。他们究竟是怎么想的？不确定的话，你可以用自己设计的多边形多实验几次，将结果补充到图表里。

可以一笔画出吗？

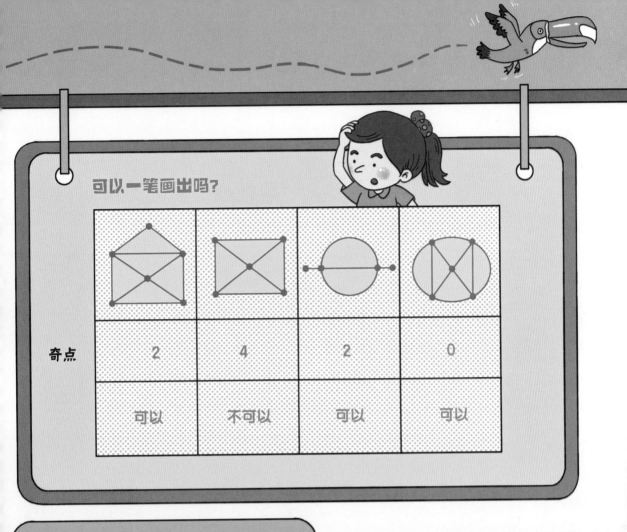

奇点	2	4	2	0
	可以	不可以	可以	可以

试试看，哪些字母可以一笔画出来？

4个奇点。不能一笔画

没有奇点。可以一笔画

密铺（源于拉丁语 tessella，原意指古罗马的马赛克镶嵌图案中的方形小石子或瓦片）是一种马赛克镶嵌工艺。即利用若干种形状相同、大小相同的几何图形进行拼接，使其覆盖的表面不留一点空隙，也不会出现任何重叠。

我们先了解最基础的密铺图形：正方形、正三角形、正五边形、正六边形、正八边形、正十二边形。

这些正多边形里，有一些可以实现单独密铺。比如正方形、正三角形和正六边形，它们能够完美地拼接在一起，严丝合缝。

但在用正八边形进行密铺时，中间就会留出正方形的空隙。正五边形和正十二边形的密铺同样不能完全贴合。

正方形　　　　　正三角形　　　　　正五边形

正六边形　　　　　正八边形　　　　　正十二边形

做一做

准备材料：

彩纸、纸板、铅笔、剪刀、胶水。

本书最后附有正多边形的模板，可用复印机将其缩放和复印。

剪下模板，在彩纸上描出轮廓，分别裁开。（用硬纸板做出的正多边形更结实。）

尝试设计出不同的几何图案。不妨先参考已有的图案进行拼接，再发挥想象力，拼出富有创意的图案。以下是2条建议：

角对角进行拼接   隔开固定距离进行拼接

看一看，它们彼此完全贴合在一起了吗？如果没有，留出的空隙又是什么形状？

如果想要保存设计出的图案，可以用胶水将它们粘贴在白纸上。

分形的绘制

想象、游戏和灵感，以及偶尔闪现的疯狂念头，这就是数学。

100 多年前，德国数学家格奥尔格·康托尔对一条线段上不连续的点产生了兴趣，他的研究在当时看来十分不可思议。然而他定义的康托尔集，却为数学领域的分形理论奠定了基础。

康托尔的设想如图所示：取一条线段，将其三等分，然后去掉中间一段，留下头尾两段。接着将剩下的两段分别三等分，各去掉中间一段。

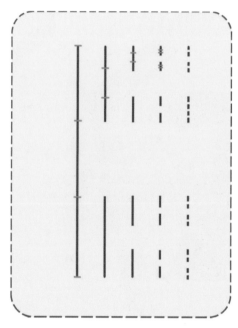

步骤 2 完成后，原本的线段只剩下较短的 4 段。继续对这 4 段进行三等分，并且分别去掉中间一段（此为步骤 3）。这样的操作可以无限继续下去。如果你足够有耐心，不妨拿出纸笔和尺子量一量，画一画。步骤 4、步骤 5、步骤 6 完成后，各剩下多少段线段？

康托尔认为，原本的线段能够切分成无穷多的点，这些点的集合具有自相似性，因此是一个分形系统。

20 世纪初，研究分形理论的另一位著名人物是瑞典数学家海里格·冯·科赫。他的成果被命名为科赫曲线。

科赫曲线

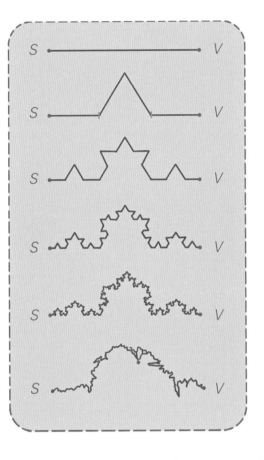

我们先画一条端点为 S 和 V 的线段，然后将其三等分。在正中画出一个正三角形（3 条边等长的三角形）后，去掉中间一段（即正三角形的底边），呈现出由 4 条等长的线段构成的图形。

我们分别对这 4 条线段重复刚才的步骤。即：

1. 将每条线段三等分；

2. 在正中画出一个正三角形；

3. 去掉中间一段。

随着对新增加的线段不断重复这一操作，整个图形的褶皱也越变越多。

科赫认为，整条线段可以无限三等分下去，成为一条在任意一点都不平滑的无穷曲线——一个典型的分形图形。作为数学模型，科赫曲线不仅能够很好地模拟出海岸线形态（比如从瑞典的瑟德港到瓦尔德马什维克），还可以表示山峦和珊瑚的轮廓。

从瑟德港到瓦尔德马什维克的海岸线长度究竟有多长？

测量长度的一种方法是用地图作参照物。

选取一段绳子，沿瑟德港到瓦尔德马什维克的海岸线贴合摆放，然后测量绳长。根据地图的比例尺可以计算出实际的海岸线长度。

另一种方法是用折尺沿海岸线实地测量。（谁这么倒霉，想出这么费劲的办法！）除了每一处岬角和海湾，就连沙滩边的凹凸起伏都要精准地计入其中。这样一来，测出的海岸线长度要比根据地图估测的数据大多了。

神奇的分形

生活中处处都有分形

看看这棵大树，它的每一个分叉，看起来就是缩小版的整棵大树。

看看放大后的每一片雪花，它的每一个分叉都形成了更小的叉，然后再继续分下去，每个小叉的形状都与整片雪花完全相同。

看看天上的云层，当它被分成一块块的云朵时，它们的形状几乎一样，都是缩小后的云层。

看看纵横交错的血管，它们在人体内部的分布。

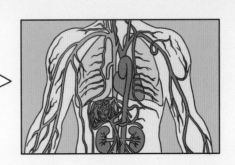

分形图形的应用

当分形图形出现后，它立刻就被广泛应用于各个行业，尤其在电影动画和电子游戏领域里，分形技术特别普及。人们需要制作树木、山峰、云朵等模型时，只要设定简单的方程式，就能将一个简单的图形变成复杂的"成品图"，制作简单且和实物具有超高的相似度。

画一画：绘制简单的分形图形